这本书属于穿山甲松果的朋友 ____________

希望的家园

你见过我的妈妈吗？

穿山甲松果的故事

左世伟　马　乐　著
王佳梦依　绘

内容提要

本书为国际爱护动物基金会（IFAW）“希望的家园系列”丛书之一，从中华穿山甲“松果”的视角出发，讲述了生活在中国云贵地区的中华穿山甲出生和成长的故事，旨在培养孩子们尊重生命、科学关爱动物的观念，引导小读者探索个人、社会与自然的内在联系，形成“人与自然和谐共处”的生态理念。

图书在版编目 (CIP) 数据

你见过我的妈妈吗？：穿山甲松果的故事 / 左世伟，马乐著 . — 上海：上海交通大学出版社，2022.10

ISBN 978-7-313-26562-3

Ⅰ . ①你… Ⅱ . ①左… ②马 ... Ⅲ . ①穿山甲 – 儿童读物 Ⅳ . ① Q959.835-49

中国版本图书馆 CIP 数据核字（2022）第 014078 号

你见过我的妈妈吗？：穿山甲松果的故事
NI JIANGUO WO DE MAMA MA?: CHUANSHANJIA SONGGUO DE GUSHI

著　　者：左世伟 马 乐
出版发行：上海交通大学出版社
地　　址：上海市番禺路 951 号
邮政编码：200030
电　　话：021-64071208
印　　制：上海盛通时代印刷有限公司
经　　销：全国新华书店
开　　本：890mm×1240mm　1/16
印　　张：5
字　　数：44 千字
版　　次：2022 年 10 月第 1 版
印　　次：2022 年 10 月第 1 次印刷
书　　号：ISBN 978-7-313-26562-3
定　　价：49.80 元

告读者：如发现本书有印装质量问题请与印刷厂质量科联系
联系电话：021-37910000

编委会名单

序

这是一只令人怜爱的中华穿山甲，它蜷缩起来，宛若松果，故名。它是本书的主人公，它命运多舛的一生，也是它家族命运的缩影。它和它的同类应该受到我们人类的尊重、关注与呵护。

1985 年，上海美术电影制片厂创作了剪纸动画片《葫芦兄弟》，翌年开始发行，并在电视台播放。我那时候上小学二年级，当看到爷爷的朋友穿山甲被蝎子精杀害的时候，我伤心地流下了眼泪。这大概是我对穿山甲最早、最感性的认知。

1992 年，我在北京自然博物馆了解到《大自然》杂志，并购买了旧刊。当我读到该馆科研人员房利祥先生（房先生于 2020 年去世，享年 90 岁）发表于 1981 年第一期的文章《跟踪探穴观鲮鲤——闽东北穿山甲生态考察》的时候，我才对穿山甲有了全新的认识和了解。

房先生曾经在北京自然博物馆从事兽类的研究。1979 年上半年，房先生在福建省北部和东部开展穿山甲野外研究。从文中我们不难发现，彼时中华穿山甲数量尚多，易发现，易观察，为后续研究积累了大量第一手野外资料。

房先生记述了穿山甲很多有趣的行为。例如：穿山甲冬夏所住洞穴是有差异的，而且它们居然在冬季也会“囤粮”；挖洞时，还会借助背部鳞片或挖或抹平洞顶；尾部基部两侧鳞片锋如利刃，可攻击可防御；等等。

看到这些不可思议的行为，我对穿山甲一下子就着了迷，一直希望可以在野外见到它们。

1998 年，我开始在中国科学院动物研究所实习，有机会前往我国西南和华南地区从事蝙蝠的野外调查工作。与此同时，我仍心心念念地琢磨着去山里邂逅穿山甲。我问过不少野外向导或当地人是否见过穿山甲。年轻人大多没有见过，但老人一般都见过。老人们告诉我，在他们的小时候，房前屋后都可以经常见到穿山甲。

20 世纪 60 年代，我国穿山甲野外种群为 85 万至 90 万只，曾广泛分布于我国南方地区 17 个省（自治区、直辖市）。近年来的研究显示，中华穿山甲在我国自然分布范围已经缩减至 11 个省份。2008 年，我曾在《北京科技报》写文《脆弱的穿山甲，强大的非法贸易》，呼吁社会公众关注穿山甲的保护，严格禁止穿山甲的贸易。

2014 年，世界自然保护联盟（IUCN）物种生存委员会穿山甲专家组评估表示，中华穿山甲种群数量已下降了 90%。同年，《世界自然保护联盟濒危物种红色名录》对 8 种穿山甲进行了一次空前的、大幅度的濒危等级升级。2016 年，《濒危野生动植物种国际贸易公约》（CITES）第十七届缔约方大会将 8 种穿山甲列入禁止国际贸易的附录 I 物种。2018 年 8 月起，中国彻底停止了穿山甲及其制品的商业进口。2019 年，《世界自然保护联盟濒危物种红色名录》再次升级了 3 种穿山甲的濒危等级。2020 年，我国野生动物保护部门终于将穿山甲提升为国家一级重点保护动物，并启动划定穿山甲野外重要栖息地，加强改善和恢复其野外种群的生存环境。2020 年版《中国药典》（一部）中，穿山甲不再被收录其中。

希望我们的下一代是读着松果的故事长大的！他们可以欣赏穿山甲的美丽，对穿山甲更有爱！希冀孩子们不仅能在书本上了解穿山甲，更可以在野外观察到活生生的穿山甲！让我们为每一只“松果”留下一片净土，给予它们可以继续存活下去的机会！

张劲硕
博士、研究馆员，国家动物博物馆副馆长（主持工作）

目　录

第一章

松果的决心

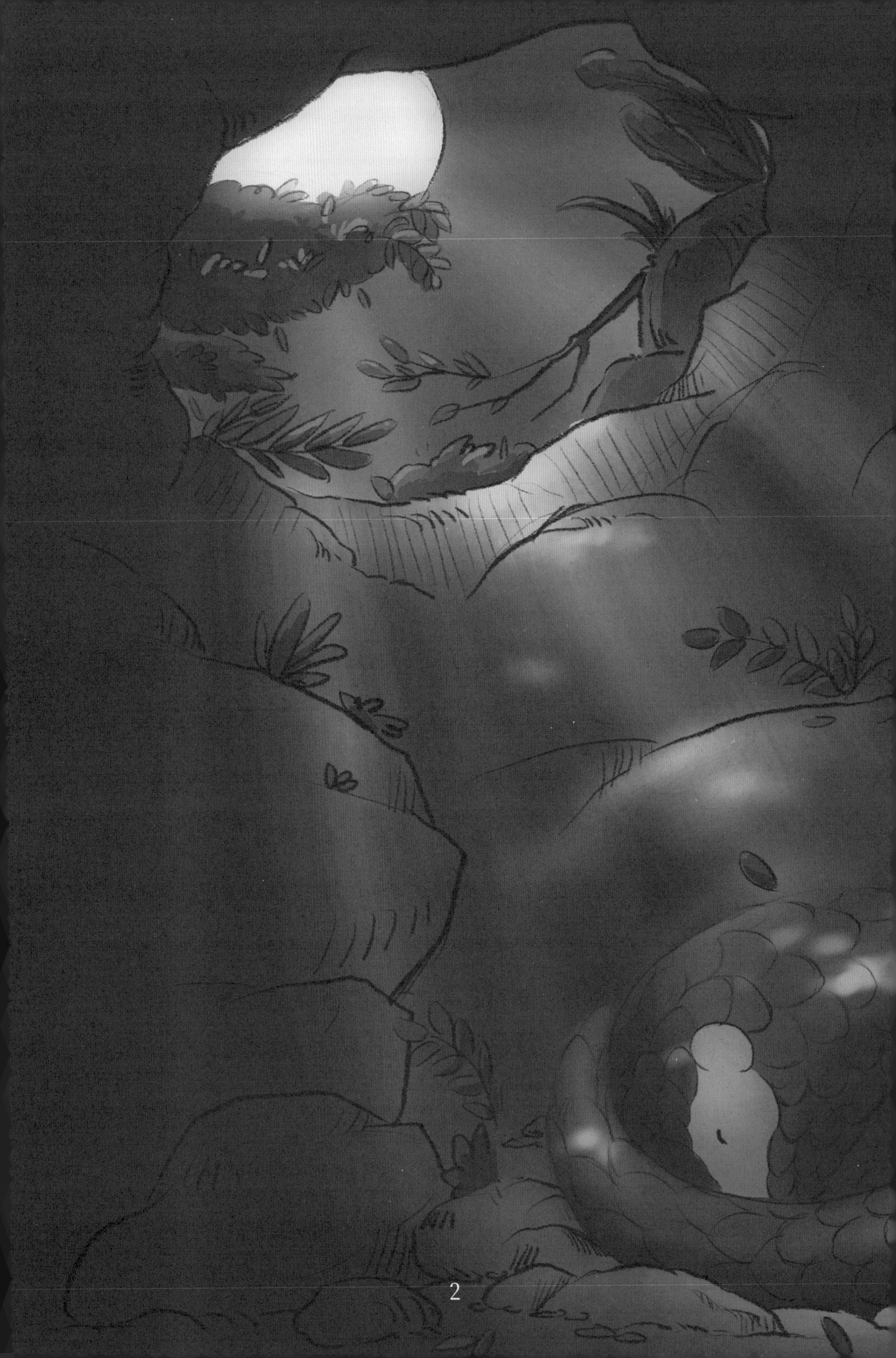

“松果！松果！快醒醒！”我被一阵嘹亮的叫声从熟睡中唤醒，睡眼惺忪地看向洞口。洞口出现了一个黑色的轮廓，是点点，她一边扑棱着翅膀一边冲着我喊道：“松果，天色不早了，我们该出发了！”我揉揉眼睛，用前爪拨开覆盖在洞口的杂草和枯树枝，后腿使劲一蹬蹿出了洞穴。初夏的夜晚，气温凉爽，森林里郁郁葱葱，散发着湿润的泥土香气。

这是我独自生活的第七天。七天前，我跟妈妈走散了。以往我跟妈妈总是形影不离，白天我们一起在洞穴里面休息，晚上我们爬出洞穴一起觅食、玩耍。妈妈离开的那一天，正值夏至，雨水顺着洞口流进洞穴，我被“哗啦啦”的雨声吵醒，感觉身子下面湿漉漉的。当我醒来后，却没有看到妈妈的身影。洞穴里还弥漫着妈妈的气味，混合着湿泥土和兰花的淡淡香气。起初我以为妈妈只是出去找吃的了，她总是会为了让我多睡一会儿，先到洞外找寻到蚁穴的位置，这样只要我睁开眼就能很快吃到美食。可是那一天，我在洞穴里等啊等啊，等了好久妈妈也没有回来。

我壮着胆子走出洞穴，冒着雨水四处乱窜，试图循着妈妈的味道寻找。可是没走多久，她的味道就被雨水冲淡了。我慌了神，哭了起来，嘴里不停地喊着：“妈妈！妈妈！你在哪儿啊？”雨渐渐停了，我走得筋疲力尽，不得不独自爬回洞穴。

我的心中生出许多疑问：妈妈为什么要离开我？难道她不爱我了吗？她是不是不要我了？她要去哪里，还会回来找我吗？从那一天开始，我便抱定了一个决心：去找妈妈！不管走多远，或是遇到多少困难，我都要找到她！我要亲口问她离开我的原因，还要告诉她，她离开的这段日子，我有多么地想念她。

洞穴外，月光渐渐地笼罩住大地，高大的榕树枝繁叶茂，伸展的躯干与野藤蔓交织在一起，在月光下闪着银白色的光。它们宽大的“臂弯”下形成了大面积的阴影，我便借着这天然的庇护伞在森林里穿行。

我学着妈妈曾经教我的样子，用鼻子贴着地面使劲地嗅着。想要在各种气味交集中分辨出蚁类对我来说困难不小。现在没有了妈妈的帮助，我必须学会独自觅食。等等，我好像闻到了什么……是一条蜿蜒前行的白蚁队！我心中窃喜，加快了脚步。我知道，只要跟着这些白蚁就可以找到他们的巢，然后就能享用一顿白蚁大餐了。可是我有点等不及了，迫不及待地伸出蜷缩在胸腔里细长且沾满黏液的舌头，将爬行的白蚁连同地面上的碎砂石一股脑儿地卷进嘴里吞下。虽然我没有牙齿，但是我有一个“研磨机”式的胃，可以借助吞进去的小砂石把食物磨碎。

“松果，耐心点儿！”点点突然飞到我身边。“你可以一直跟着他们，找到更大的蚁穴。”“你这口气可真像我妈妈！”我小声嘟囔着。妈妈也总是叮嘱我要多些耐心，她说耐心是捕食者最重要的素质之一。而我经常是一见到食物就特别兴奋，然后不顾一切地冲过去……我涨红了脸，抬头冲点点喊道：“吃你的虫子去吧！我自己可以找到蚁巢的！”

于是我再次将注意力集中在鼻尖，紧紧地追随着蚁队。很快我发现了一个高大的蚁丘。“哇！”我情不自禁地发出一声惊呼，这可是我凭借着自己的力量发现的最大的白蚁地上巢。惊喜之余，我不再犹豫，靠近蚁丘，然后果断地伸出锋利的前爪左右开弓，三两下就把蚁丘表层的掩护物击破了。隐藏在巢中的白蚁受到了惊吓，为了自保，他们迅速集结在一起向我爬来。出于本能，我立即闭合鼻孔和耳朵，以防被白蚁咬伤。

我眯起眼睛，厚厚的眼睑帮我保护住眼睛。白蚁进攻不成，已乱作一团，四处逃窜。于是我趁机转守为攻，将长长的舌头伸进蚁巢，用舌头上的黏性唾液将白蚁迅速黏住，然后白蚁就直接被送入胃中了。饱餐之后，我满足地舔着前爪，肚子被撑得鼓鼓的。这是妈妈离开以后，我第一次凭借自己的力量吃得这么饱，感觉愉快极了。

第二章

最好的朋友点点

此时点点也捕食完毕，扑棱着翅膀飞落在邻近的一块大石头上。点点是一只斑头鸺鹠（xiū liú），她是我最好的朋友，也是妈妈离开后对我最重要的人。别看她个头小，但也是只猛禽。当夕阳隐退，林间的光线逐渐变暗，点点就会从树洞里飞下来把我从睡梦中叫醒，督促我做好出发的准备，然后陪着我在黑夜里穿梭于山脉之中。点点的夜间视力极好，听力更好。她会保持着在我的头顶上空飞行，每隔一段距离，她就会落在我前面的一棵树上，扭动着脑袋观察四周的情况，警惕着有可能出现的危险。

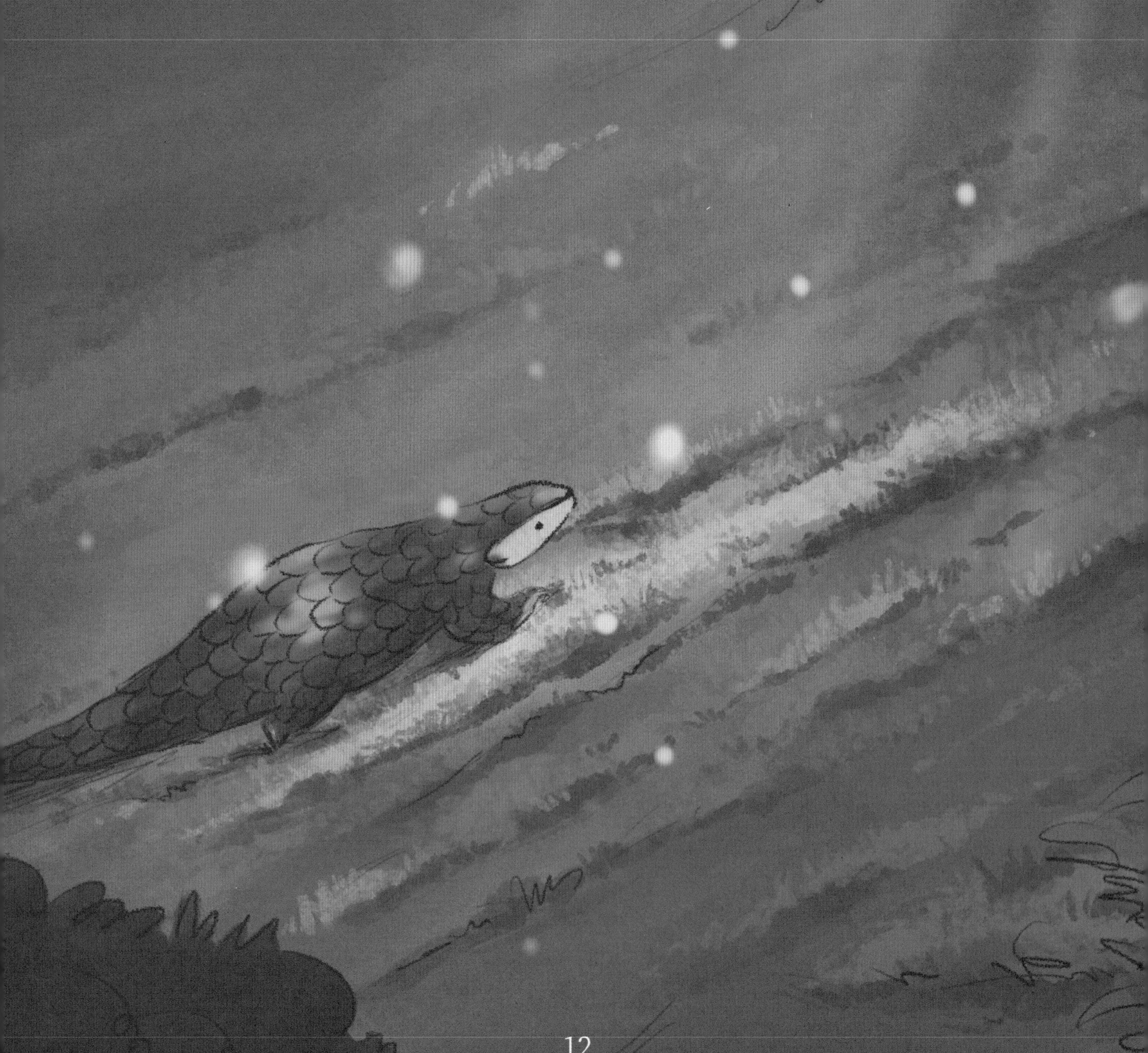

说起来，我跟点点的相遇也颇为有趣。有一天夜里，一阵风吹进洞穴，凉飕飕的，我打了一个激灵。正当我准备钻出洞口继续找寻妈妈时，一个毛茸茸的东西突然撞进了我的怀里。出于本能我立即开启了防御模式，迅速地将身体团成一个球。这个毛茸茸的东西就被我顺势卷进了怀里。紧接着，我听到一个声音从头顶传来，“你这个怪球，快把我的猎物还给我！”我感觉有什么东西正向我俯冲过来，速度快得惊人。

这突如其来的状况吓得我不敢动弹。我使劲地用鼻子嗅着怀里的东西，原来是一只大林姬鼠。大林姬鼠也吓得不轻，紧紧地抓住我。我一时也不知道该怎么办才好，只能把身体团得更紧了。“发生了什么事儿？”我脑子飞速地运转着。

“喂！听到没有？我在跟你说话呢！”尖锐的声音再次响起。我壮着胆子，松开了爪子，展开身体。大林姬鼠趁着这个空当，“嗖”地一下从我怀里跳出来，逃走了。

等我回过神来，看到一个黑影落在高处的岩石上，她的眼睛在黑夜里闪着金黄色的光，目光锐利无比。

“到嘴的好吃的就这么没了，都怪你这个怪球！”黄金眼瞪着眼冲我抱怨道。

“抱歉啊，”我被她犀利的目光盯得都不敢抬头，“不过，我知道这附近有一个很大的白蚁穴，我现在就可以带你去！”

黄金眼口气里充满了不屑，说：“谁要吃白蚁。刚才那只大林姬鼠才是真正的美味！”

“那下一次，我捉一只大林姬鼠向你赔罪？”我讨好道。

“呵呵，”黄金眼被我的话逗笑了，“就凭你？我看你还是老老实实地捉你的白蚁吧。”

“是啊，是啊，”我赶忙应和道，“还是你的速度快，就像一道闪电！”

“哼！”黄金眼听到我的称赞，骄傲地仰起了头。转而她又低下头，看着我说：“对了，我是一只斑头鸺鹠，你可以叫我点点。你叫什么名字？”

“我叫松果，是一只中华穿山甲。”我答道。

“你这是要去哪儿？”点点接着问。

“我……我要去找妈妈！”我犹豫着到底要不要告诉她。

“你的妈妈离开你了吗？”点点问。

“不！我们……只是走散了。”我急忙解释说。

“我跟你一起去找你的妈妈吧！”点点突然提议：“我能飞得很高，视力也极好，也许我能够帮到你。”

“真的吗？”我心里顿时充满了感激，问道：“你真的愿意和我一起去找妈妈吗？难道你没有要去的地方吗？”

“其实，我也不知道自己要去哪儿……”我听出点点的语气里有些沮丧，她说：“松果，以后有机会我会告诉你关于我的故事。”她顿了顿，恢复了正常的神情，然后对我说：“不过，现在我们该出发去找你的妈妈了！”

“好的！”我高兴极了，使劲地点头答应着。

第三章

她是我的妈妈吗

那天之后，我和点点便一起踏上了寻找妈妈的旅程。我们两个，一个在陆地穿梭，用嗅觉努力搜索树林中关于妈妈的蛛丝马迹；一个低空飞行，凭借优秀的视力探察妈妈的身影。我和点点都有夜行的习惯，这让我们很快适应了彼此。柔和的月光追逐着我们前进的身影。我们也会时不时地停下来，捕食或者嬉戏，但我们不断地提醒着对方，不能耽搁太久，因为还有更重要的事情要去做。

一天夜里，点点在前方巡逻回来，一边飞一边兴奋地喊道：“松果！你猜我发现了什么？前面有好几个洞穴，跟你平时挖的洞穴几乎一模一样。我在想，你的妈妈是不是就住在那里啊？”

这真是一个重大的发现！“在哪儿？”我迫不及待地问。“我带你去！”点点一边说，一边盘旋在我的头顶上空为我引路。我跟随着点点一路寻去，不久就看到了她说的洞穴。我的心激动得“怦怦”直跳，脑海里不断涌现出已经想象了无数次的与妈妈重聚的画面。我强忍住悲喜交加的心情，让点点在洞口等我，独自走进了洞穴。

“你好？”我的声音有些颤抖，继续向洞内探寻。第一眼我就知道建造这个洞穴的一定是挖掘高手。洞穴很深，而且不止一个。洞穴之间有通道相连，并有多个洞口与外界相连。洞穴里面干干净净，没有杂物，看上去是被精心收拾过的样子。我用鼻子使劲地嗅了嗅，并没有闻到妈妈的气味。

“谁？”一个声音低吼道。这不是妈妈的声音。“你好!我叫松果，一只中华穿山甲！”我匆忙解释。顺着声音的方向，我看到一团黑影从更深的一个洞口钻了出来。“穿山甲？你来我的洞穴做什么？”黑影绷紧了身体侧着头警惕地问道。“对不起打扰您了！”我小心翼翼地说道，“我的妈妈不见了，我是来找妈妈的。我看到您的洞穴，以为妈妈住在这里呢。”

“我想你认错了。我不是穿山甲，是一只鼬獾（yòu huān）。”说着，黑影似乎放松了下来并走近我。她的体形比妈妈小很多，样子很年轻，也有一双锋利弯曲的前爪。可是，她的身上并没有鳞甲，而是长着又粗又硬的灰褐色长毛。

鼬獾小姐看清楚了我的样子，解除了戒备心，语气也温和了许多。“别着急，松果，跟我说说你是怎么跟你的妈妈走散的？”想到妈妈不在这里，我的心里沮丧极了，忍不住啜泣道：“两周前，我一觉醒来，发现妈妈不见了，我一直在寻找她，但是始终也没有找到。我不知道她去了哪里，也不知道她为什么离开，或许，她是真的不要我了……”

“松果，别伤心！哪个妈妈会不爱孩子，会舍得跟孩子分离呢？”鼬獾小姐柔声地安慰着我：“或许她有不得已的苦衷，你不应该怪她。”鼬獾小姐想了想，继续说：“或许你可以去如意谷碰碰运气，那里住着很多动物，说不定你的妈妈现在就在那里。”“如意谷？”我的眼里重新充满了希望。鼬獾小姐把我送到洞口，与我道别：“松果，别灰心！你一定要相信你的妈妈是非常非常爱你的！”“嗯嗯！谢谢你，鼬獾小姐！”我一边说着，一边向她挥手道别。

趁着月色，我和点点按照鼬獾小姐所指的方向，踏上了去往如意谷的路。

第四章

在如意谷安家

我们走了二十多天，终于到达了如意谷。如意谷鲜花满地，绿树成荫。我和点点很喜欢这里的环境，很快就选择了一处背风向阳的小山丘安驻新家。作为一只穿山甲，挖洞是我必备的本领。强大的前爪可以帮助我迅速为自己挖出一个容身之所，而沉积的泥土也会随着我身上的鳞片被带出。

但要说造洞能手，我实在远不如妈妈。妈妈总是能根据季节变换选到最合适的位置，不过最重要的还是要安全。她能把洞内的结构设计得非常复杂，弯弯曲曲的隧道如同一个个葫芦，每隔一段距离还筑起一道土墙。妈妈会把我的洞穴造在隧道的尽头，在里面铺满细软的杂草，柔软又暖和。最厉害的是，妈妈会把洞穴建在白蚁巢穴的附近，这样我们随时都能吃到美味的白蚁。离开妈妈的日子，我逐渐习惯了一切都靠自己。但我还是十分想念妈妈，感叹有妈妈的日子是多么无忧无虑。

如意谷中有一个湖，叫银水湖。夜晚，月光洒在湖面上，泛起银色的波光。湖边的萤火虫散发的点点荧光与天上的星星遥相呼应。我和点点都喜欢去湖边觅食。我在湖边很快找到了一队弓背蚁， 除了白蚁，我也喜欢吃弓背蚁和举腹蚁。点点则吞下了几只蟋蟀。我们填饱了肚子，点点站在湖边，用翅膀撩起水花冲洗身体。而我一下子就蹿进了湖水里，熟练地用前爪拨水，后腿紧紧地夹着尾巴摆动来增加动力。

“松果，你真像一条大鱼！你的鳞甲在水中就跟鱼的鳞片一样。”点点看着我的泳姿，不由地赞叹道。于是我游得更起劲了。“点点，你看！这一招是我妈妈教我的。”我将胃部充满气，瞬间就感觉自己增加了不少浮力。“你的妈妈可真能干！她不仅教会你挖洞、捕食，还教会了你爬树、游泳！”点点由衷地赞叹道，“我真想尽快见到她！”

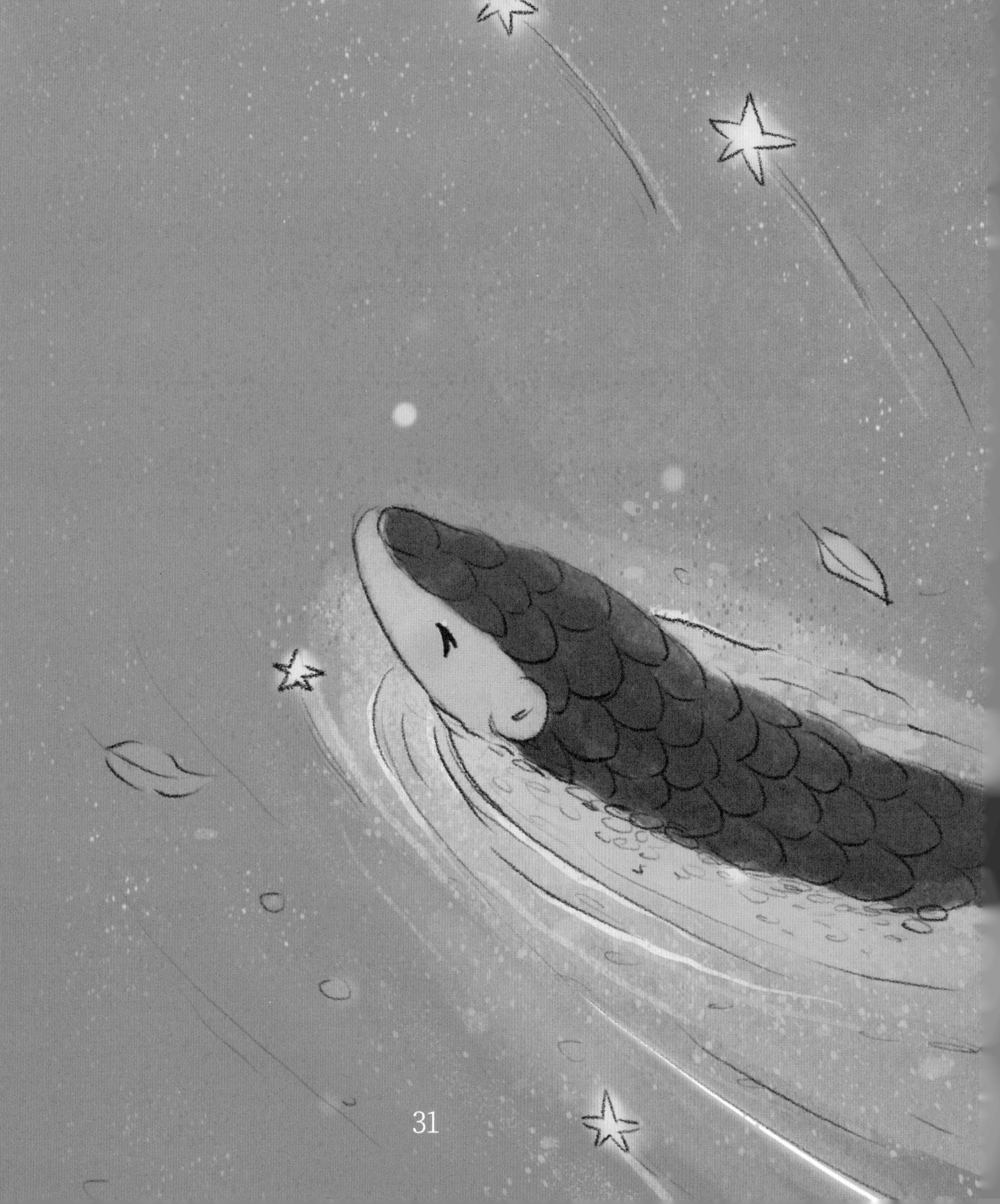

第五章

合力救出小橙子

“什么声音？”点点听到草丛里传来窸窸窣窣的响动。

我闻声迅速游回了岸边。

“走！咱们去看看！”点点抖动翅膀准备起飞。

我们在湖边的一棵大树下，看见了一条中华眼镜蛇，他的体长有我的两倍多，此刻正全身紧贴在草地上，微微抬起脑袋盯着不远处的一只正在捡食果子的复齿鼯（wú）鼠。眼镜蛇似乎正在等待最佳的出击时刻，而那只复齿鼯鼠并没有发觉危险的靠近。

“有危险！”我冲着复齿鼯鼠大叫一声，他这才回过头来发现正张着血盆大口准备扑过去的眼镜蛇，于是迅速蹿到了树上。眼镜蛇擦着复齿鼯鼠的身体扑了个空，然后迅速调整身体转向我和点点。只见他改变了身体的角度，把头部高高昂起，颈部迅速膨胀起来，颈背的鳞片呈现出明显的眼镜形花纹，嘴里还不停地吐着细细的舌信子威吓着我俩。

就在双方对峙的时候，点点突然用最快的速度向眼镜蛇俯冲过去，紧接着用锋利的脚爪去抓他的眼睛。眼镜蛇赶忙将头往旁边一偏，这才躲过了点点的攻击。

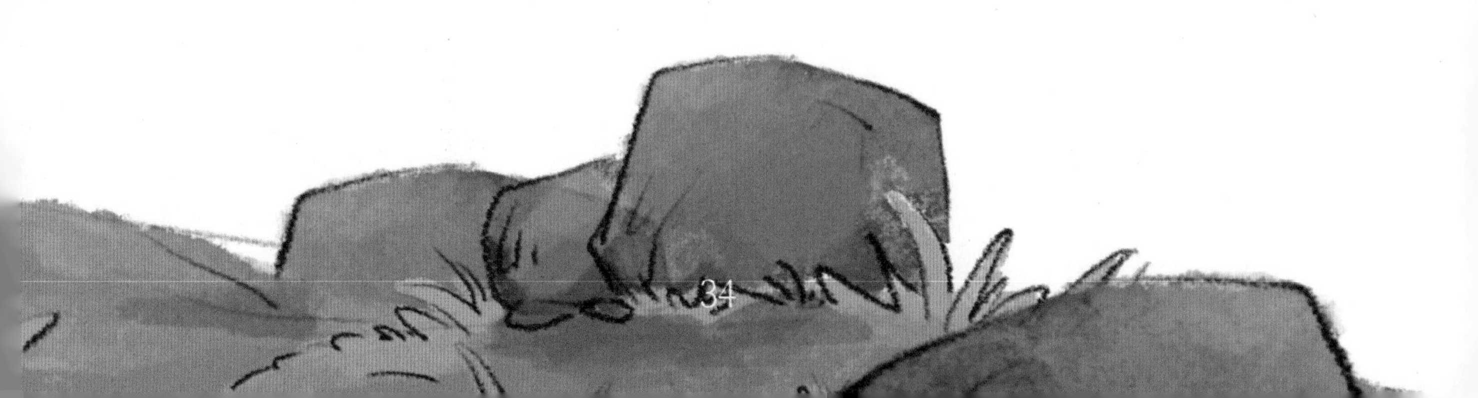

回过神儿来的眼镜蛇恶狠狠地盯着我们，他张开嘴龇出针头一样的毒牙，喷射着毒液冲向了点点。千钧一发之际我迅速将身体蜷缩成一个球，用力地向眼镜蛇滚了过去。我坚硬的鳞甲撞上了眼镜蛇的身体，将他狠狠地撞向一边。“啊！”眼镜蛇疼得叫了起来。

眼镜蛇此时更加愤怒了，他将头转向我，毫不犹豫地向我咬来。“松果!”我听到点点的惊叫声。虽然心里害怕，但我还是紧紧地蜷缩着身体保护住柔软的腹部，我知道我有“铠甲”护体，眼镜蛇并不能伤到我。他的大嘴重重地咬在我的身上，毒牙被我坚硬的鳞甲硌到。“啊！”他疼得又叫了起来，牙根都渗出了血。

“走开！走开！”点点配合着我，扇动翅膀袭扰着眼镜蛇。眼镜蛇见势不妙，瞪了我们一眼，不甘心地转身离去。

“太棒了！”点点高兴得欢呼起来，然后立刻查看我的情况，“松果，你怎么样？有没有受伤？”

“我没事！放心吧！”我展开身体，查看了一下。“只是蹭了一下鳞片而已。”我憨笑着说。

“你怎么样？”点点放下心来，转身飞落在鼯鼠的身边，关切地询问。

鼯鼠显然还没有从刚才的惊吓中清醒，半天没有说出话来。过了一会儿，他才渐渐回过神儿来，然后感激地说："谢谢你们救了我！"我和点点相视一笑，示意他不用客气。

"你叫什么名字？住在哪里？"我问他："我们可以把你送回家。"

"我叫小橙子，就住在那边山崖的石穴里。是我自己贪吃，结果被眼镜蛇盯上了。真是太险了，我差点就没了命。"小橙子的语速很快，一开始说话就停不下来："对了，我之前怎么没见过你们啊？你们叫什么名字？怎么到如意谷来了？"

"我叫松果，是一只中华穿山甲，这是我最好的朋友点点，她是一只斑头鸺鹠，"我向小橙子解释道，"我们是来找我的妈妈的。"

"穿山甲？"小橙子问道。

"是啊，你见过她吗？"我迫切地问道。

"没有，不过前不久我们这里搬来了一对夜鹭夫妇。他们曾经跟我提到过一只穿山甲。"小橙子说道。

"那也许是我的妈妈！"我的心里燃起了希望，急忙问道："你知道夜鹭夫妇住在哪里吗？我想去问问他们。"

"是的，我知道！我现在就带你们去！"小橙子愉快地说。

第六章

向夜鹭夫妇打听消息

夜鹭夫妇住在银水湖旁的矮树上。此时天空已经微微发亮，当我们靠近矮树时，他们立刻惊醒，从巢里跳了出来。“谁？”夜鹭先生喊道。“是我，小橙子！”小橙子立刻回答：“夜鹭先生、夜鹭太太，很抱歉这么早打扰你们，但是我有一件很要紧的事。”小橙子指着我和点点解释道：“这是我的朋友，松果和点点，他们刚刚把我从中华眼镜蛇的嘴里救了出来。我要报答他们，所以带他们来打听他妈妈的消息。”

“哦！”夜鹭夫妇听着小橙子的描述，异口同声地说：“你们真勇敢！可是我们能帮你们什么呢？”

“我想请问一下，你们见过我的妈妈吗？她是一只中华穿山甲。”我迫不及待地问。

“中华穿山甲？”夜鹭夫妇对视了一下，然后头挨着头小声地嘀咕了一会儿，面色逐渐地凝重起来。

“我们确实见过一只穿山甲，”夜鹭夫妇重新看向我，说道，“他长得跟你几乎一模一样，但是我们不认为那是你的妈妈。”

“为什么？”我跟点点同时问道，瞪大了眼睛等待他们的回答。

“因为他不是‘妈妈’，”夜鹭太太咳嗽了一下，解释道，“确切地说，他是一只雄性穿山甲，叫阿力。”“是的！”夜鹭先生抢着说，仿佛是在保护夜鹭太太，让她回避一段不愉快的回忆。“我们之前不住在这里，而是住在一个叫浮玉山的地方。这几年那里的环境很不好，很多动物不得不被迫下山去寻找食物。有一次我们误入了人类的鱼塘，被他们用棍棒驱赶。后来，我们被另一群人救下来，送到一个叫‘救助中心’的地方。”

“我们在那里见到了阿力，”夜鹭先生继续说，“他很虚弱，身体状况很不好。他告诉我他是一只中华穿山甲，也住在浮玉山。他说人类捉到他时，给他的肚子里灌满了玉米糊，这让他非常难受。”说到这里，夜鹭先生停了下来，脸上露出痛苦的神情。

“后来呢？”我们追问道。

“我们在救助中心接受治疗，不久就康复了。”夜鹭太太安抚着夜鹭先生，继续说道：“后来，那些人就把我们放归了。再后来，我们就搬来了如意谷。”夜鹭夫妇的表情终于轻松了一些，说：“而阿力继续留在那里接受治疗，但我不知道他会不会痊愈。因为那个时候他的状况实在太差了。我们也再没见到过他。”夜鹭先生讲完，轻轻地舒了一口气。

“不是妈妈……”我反复地嘟囔着，不知道这是一个好消息，还是一个坏消息。如果被捕的不是妈妈，那妈妈又去了哪里呢？想着想着，我再次沮丧了起来。“别灰心，松果，”夜鹭夫妇安慰我道，“相信你一定能找到你的妈妈，而且你要相信你的妈妈一定是爱你的！”

告别了夜鹭夫妇和小橙子，我和点点站在银水湖边沉默了许久。我自顾自地沉浸在惆怅里，全然没有注意到点点的脸上也布满了愁云。

“松果，你见过人类吗？”点点突然开口问道。

“人类？我从没见过。”

“松果，我想告诉你一件事。”点点的语气变得异常沉重，“其实，在遇见你之前，我也曾经被人类捉到过。他们用网子抓住我，把我和许多其他的鸟关在一间闷热的黑屋子里。大家挤在一个笼子里，落脚的地方又硬又滑。笼子里的条件太差了，很多鸟都撑不住了，那时候我也以为自己活不成了……后来有一天，我趁人类打开笼子的时候拼了命地飞了出来，这才逃过一劫。”点点说着说着就哽咽了。

“他们为什么要抓你？”我不解地问。

“他们抓我去给人类当宠物。”点点说：“我的家人很多都被人类抓走了，被贩卖到各个地方。”点点一字一句地说着，眼里满是泪水。

我默默地听着点点的叙述，许久都说不出话来。我的心里难过极了，不仅是因为没有找到妈妈，更是因为听到伙伴们悲惨的遭遇，感觉自己仿佛也经历了像夜鹭夫妇、阿力和点点一样的不幸遭遇。

第七章

重回三丘陵

我和点点在如意谷度过了整个夏天。我们四处打听妈妈的信息，不放过任何蛛丝马迹。遗憾的是，我们的努力并没有得到希望的结果。我跟点点商量，打算离开如意谷，再去其他地方碰碰运气。

“我们该去哪儿呢？”点点问道。

我思考了一会儿，对点点说：“我想回三丘陵。”

“三丘陵是什么地方？”点点好奇地问。

“那里是我出生的地方。”我努力地搜索着自己的记忆，“我出生以后就跟妈妈生活在那里。后来雨季来临，我们在三丘陵的家变得越来越潮湿，洞内开始长出霉菌。有一天雨水甚至倒灌进了洞穴里。所以，我们不得不放弃那个住所。妈妈把我驮在背上，开始带着我四处去旅行。我想，现在雨季结束了，也许妈妈已经回到了那里，正在三丘陵等着我回家。”

“对啊，松果，你说得有道理，也许你的妈妈就在三丘陵！”点点高兴地叫着。

于是，在与妈妈分别三个多月以后，我带着点点向着三丘陵的方向进发了。

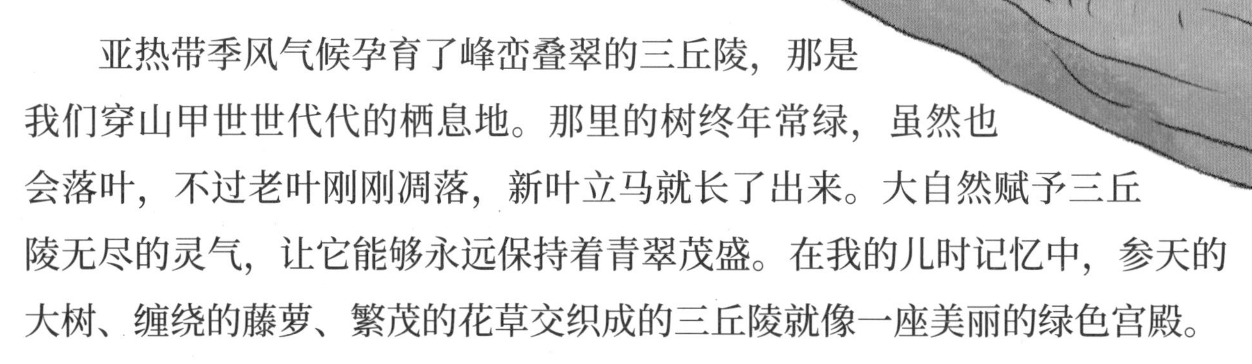

亚热带季风气候孕育了峰峦叠翠的三丘陵，那是我们穿山甲世世代代的栖息地。那里的树终年常绿，虽然也会落叶，不过老叶刚刚凋落，新叶立马就长了出来。大自然赋予三丘陵无尽的灵气，让它能够永远保持着青翠茂盛。在我的儿时记忆中，参天的大树、缠绕的藤萝、繁茂的花草交织成的三丘陵就像一座美丽的绿色宫殿。

我们穿过布满荆棘的丛林，走过散布岩石小山的低地平原，跨越溪流纵横的高原峡谷。一路上我们欣赏着静静的池水、奔腾的小溪、飞泻的瀑布，终于到达了魂牵梦萦的三丘陵，这里是我跟妈妈曾经的家。

这里的一切都是那么熟悉，我情不自禁地左顾右盼。

“松果，是你吗？”一个熟悉的声音呼唤我。我停下脚步，循着声音看去，是大拟爷爷！ 大拟爷爷是一只大拟啄木鸟，他是妈妈的好朋友，以前他们总喜欢结伴觅食。就连我的名字都是大拟爷爷帮忙起的。妈妈曾经告诉我，在她生我之前，大拟爷爷从远山给她带来了一枚松果，这枚松果像极了穿山甲团起身子的样子。妈妈很喜欢这个礼物，便给我起名叫“松果”。

“大拟爷爷！”我脱口而出。

“松果，真的是你！”大拟爷爷也显得非常惊喜。

“我来找我的妈妈！”我兴奋极了。

“你的妈妈？她不在三丘陵啊。”大拟爷爷说。

“她不在吗？”

“是的，自从你们离开三丘陵，她就再也没有回来过。”

“是这样啊……大拟爷爷，我想，我可能把妈妈给弄丢了。”

“松果，好孩子，别着急。”大拟爷爷飞落在我的身边，试图安慰我。

“我想也许你的妈妈只是希望你能够独自生活。”大拟爷爷若有所思。

“为什么？难道是我做错了什么，所以她不要我了吗？”

“不要胡思乱想！松果，你无法想象你的妈妈有多么爱你！”大拟爷爷回忆道：“我至今还记得你第一次出洞的情形。那是在春天刚刚到来的时候。你的妈妈小心翼翼地驮着你走出洞穴，骄傲地向大家展示你可爱的模样，就像在展示一件珍宝。”

“那她为什么又要离开我?”
我的眼里布满了委屈的眼泪。

“松果，你听我说。这是你们祖先传下来的规矩。成年的穿山甲都要独自生活。其实，大自然里很多动物都会在合适的时机离开妈妈去独立生活。”大拟爷爷耐心地说：“松果，你还记得吗？你的妈妈每天都在认真地训练你，一刻都未松懈。她对你要求严格，就是对你最大的爱。她希望你能尽快地掌握生存的技能，这样等到有一天她不得不离开你的时候，你就能有足够的能力去应付所有的问题。”

大拟爷爷陪了我许久，他跟我一起回忆了很多我跟妈妈在一起的时光。我随着他的回忆一会儿笑，一会儿哭。我渐渐地明白了，原来妈妈一直都在全心全意地爱着我。独自生活是我们穿山甲家族的传统，也是每一只成年穿山甲都要经历的考验。

夜深了，大拟爷爷和点点都在树上睡着了。我一个人趴在洞穴里，脑海里都是妈妈的身影。此时我的心已经平静了下来，心里默念道：“妈妈，谢谢你，帮我练就了一身的本领，让我有能力好好生活。妈妈，你知道吗，这段时间，我经历了好多事情，有好的事情，也有不好的事情。我认识了点点，她是我最要好的朋友。我还认识了鼬獾小姐、小橙子、夜鹭夫妇……他们都给了我很多帮助。现在我才终于明白，你是不得已而离开我。但我还是想再见你一面，想让你再抱抱我，让我在你的怀里撒娇，我要亲口告诉你我有多想念你！”

尾声

这样想着，我渐渐地睡着了，梦见了妈妈。梦境里，我不顾一切地扑进了妈妈的怀里，享受妈妈温暖的怀抱，直到她被我蹭得咯咯地笑了起来。隐约中，我仿佛听到一个熟悉的声音，对我温柔地呼唤着：“松果！松果！快醒醒！”

（松果醒来后见到了什么？请帮松果的故事画个结尾吧！）

穿山甲小百科

穿山甲是世界上现存唯一的身披鳞甲的哺乳动物，它们的鳞片由角蛋白构成，这是一种与我们的头发和指甲相同的材质。穿山甲家族分布在亚洲和非洲地区，一共有 8 种。不同种类的穿山甲各有本领，它们有的善于爬树，有的是游泳健将。穿山甲非常胆小，遇到敌人时唯一的应对方法是团成球状用鳞甲保护自己。

中华穿山甲在我国境内主要分布在长江以南地区，福建、江西、湖南、广东、广西、海南、四川、云南、香港、台湾等地都能发现它的踪迹。其实，中华穿山甲并不是我国“独有”物种，在不丹、印度、老挝、缅甸、尼泊尔、泰国、越南也都有分布。

相信大多数人并没有见过穿山甲，特别是中华穿山甲。因为它们的野外数量已经非常稀少了，而且穿山甲很难人工饲养，在动物园也很难见到它们。

松果的爸爸和妈妈

穿山甲宝宝大多时候都是独生子女，从小由妈妈抚养长大，并不会和爸爸生活在一起。小穿山甲在冬天出生，刚出生的一个多月里只待在洞里哪都不去，妈妈既要找食物又要哺育宝宝，实在是很不容易呀。小穿山甲稍大一点后会紧紧扒住妈妈的尾巴出门，长到6个月左右就可以离开妈妈独立生活了。成年穿山甲平时独居于洞穴之中，只有繁殖期才会雌雄成对生活，而雄性穿山甲在交配后就会离开。穿山甲是独居动物，寿命大约为20年。

"穿山甲松果一家"

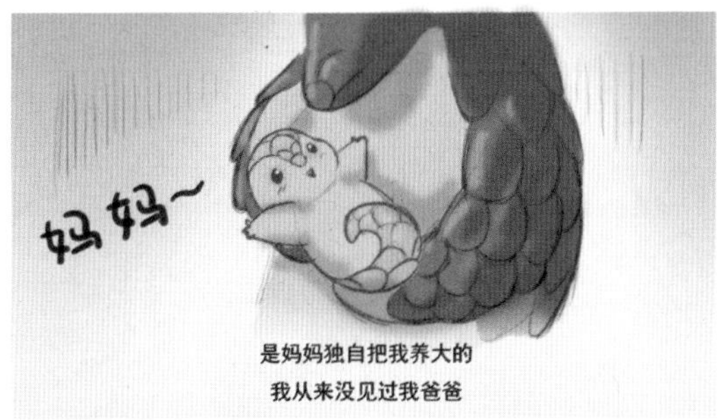

条漫绘制：守林动画

“敲黑板”

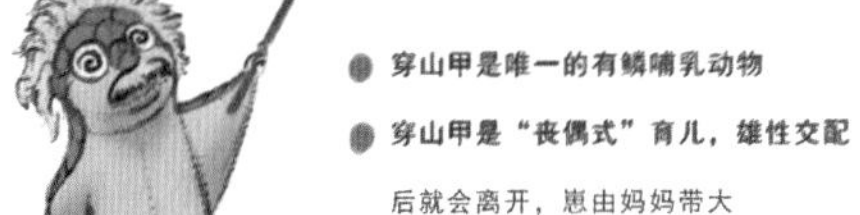

- 穿山甲是唯一的有鳞哺乳动物
- 穿山甲是“丧偶式”育儿，雄性交配后就会离开，崽由妈妈带大
- 穿山甲6个月左右可以独立生活

「春天的呼唤」

条漫绘制：守林动画

「敲黑板」

- 穿山甲昼伏夜出，白天休息晚上觅食
- 遇敌时它们会蜷缩成球状，坚硬的硬壳令猛兽难以咬碎或下咽

为什么故事里的情节大多都是发生在夜晚？

穿山甲是夜行性动物，白天躲在洞里休息，晚上出门觅食。故事中松果在夜里遇到的动物也都是昼伏夜出的。

穿山甲爱吃什么食物？

穿山甲的主要食物为白蚁，此外也吃其他蚁类及其幼虫以及蜜蜂、胡蜂等，一只穿山甲一次能吃 300~400 克的蚁类，一年能吃掉近 700 万只蚁类。它们冬季可以 10 天不进食，夏季可以 5~7 天不进食。

穿山甲是如何找到食物的？

穿山甲的视力很差，但是嗅觉极其灵敏。觅食时，它们会以灵敏的嗅觉寻找蚁穴，用强健的前爪掘开蚁洞，将鼻吻深入洞里，用长舌舔食食物。

穿山甲没有牙齿如何进食？

穿山甲没有牙齿，是靠舌头吃饭的。进食的时候能够把带有黏性唾液的舌头伸进蚁洞，然后再用长舌直接将食物送入胃袋。穿山甲的舌根长在最后一对肋骨附近，不使用的时候就缩在胸腔里。它的胃部有角质层和粗糙的 S 形皱襞（bì），加上吞咽时带进来的小砂石，可以替代牙齿将食物碾碎。鼻孔和耳朵也可以在进食时关闭起来，防止蚁类钻入。

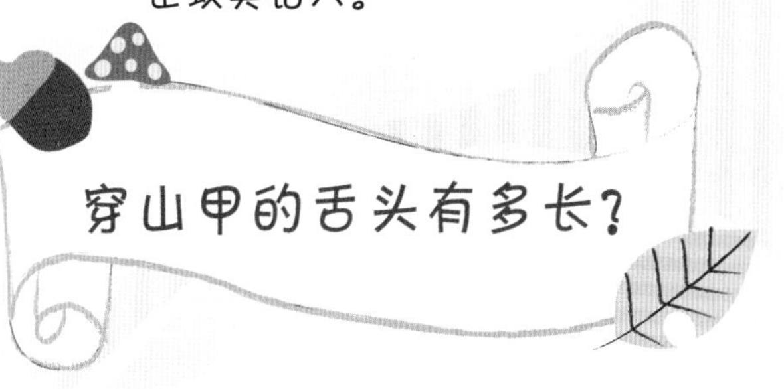

穿山甲的舌头有多长？

穿山甲的舌头有多长呢？很多穿山甲的舌头比自身身体还长，这样才方便吃到洞穴里的蚂蚁。那么问题来了，它们的嘴并不是特别大，这么长的舌头平常不用时如何安置呢？它们的舌头并不是附着在舌骨上，而是长在胸腔里，足够收纳了。

「穿山甲的吃相」

亚洲黑熊
国家二级保护动物
嗝～
威武雄壮

黄嘴白鹭
国家一级保护动物
嗖！
精致
优雅
你是假正经！
你是大糙汉！
咦？这不是
小穿山甲松果吗
咱们看看
松果是怎么吃饭的吧

条漫绘制：守林动画

- 穿山甲没有牙，进食靠舌头。穿山甲的舌头细长，能伸缩，带有黏性唾液，可以伸进蚁洞用长舌舔食
- 穿山甲其主要食物为白蚁，此外也食蚁及其幼虫、蜜蜂、胡蜂和其他昆虫幼虫等

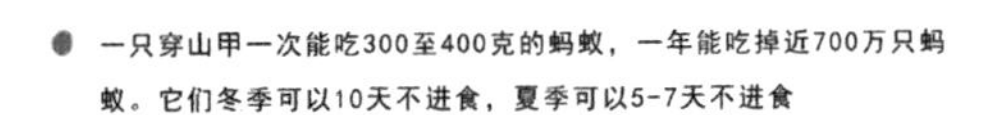

- 一只穿山甲一次能吃300至400克的蚂蚁，一年能吃掉近700万只蚂蚁。它们冬季可以10天不进食，夏季可以5-7天不进食

「关于爪子」

条漫绘制：守林动画

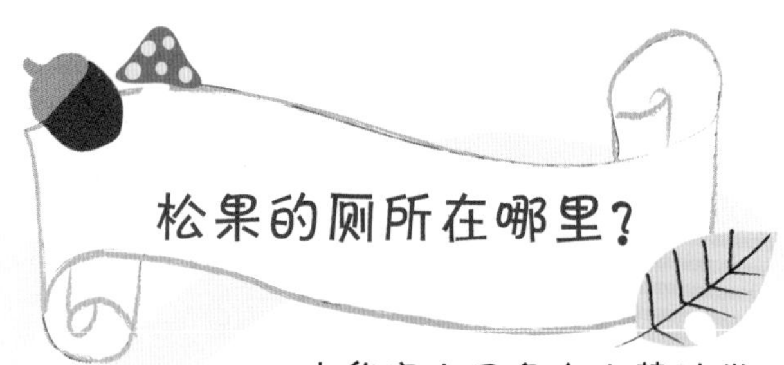

松果的厕所在哪里？

中华穿山甲多在山麓地带的草丛中或丘陵地带杂乱的灌木丛等较潮湿的地方挖穴而居，洞穴会隐藏在隐蔽条件好的地点免受外界的干扰。中华穿山甲有爱清洁的习惯，每次大便前，先在洞口的外边1~2米的地方用前爪挖一个5~10厘米深的坑，将粪便排入坑中以后，再用松土覆盖。哦对了，它们洞穴的结构也很有讲究，常常随着季节和食物的变化而不同。

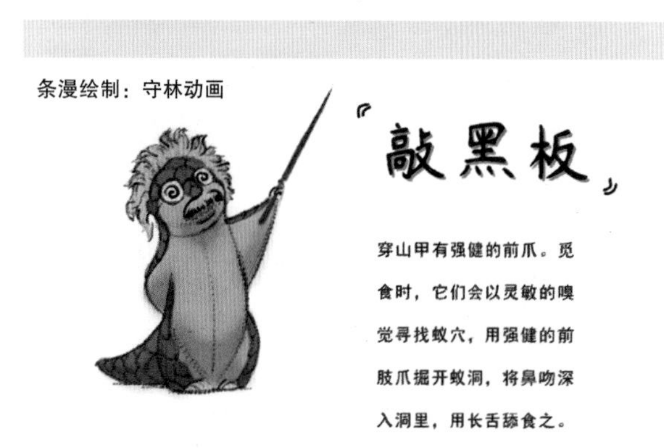

“敲黑板”

穿山甲有强健的前爪。觅食时，它们会以灵敏的嗅觉寻找蚁穴，用强健的前肢爪掘开蚁洞，将鼻吻深入洞里，用长舌舔食之。

“穿山甲松果的使命”

亚洲象
国家一级保护动物
金钱豹
国家一级保护动物

听说，人类有个生物多样性公约COP15
在这里举办过
是呢
云南真是个好地方

穿山甲和咱们一样升为国家
一级保护动物了
我听说了

咦?
说曹操
穿山甲就到了

小松果
不要乱跑，
你现在是重点保护对
象啦

嗯

听说你的同类是全球被非
法贸易最多的哺乳动物

振作一点，作为一级保护动物，
我们已经得到了更多的保护，
我们还可以做些什么

你一个小穿山甲
为什么要号召我们满怀希望

条漫绘制：守林动画

敲黑板

- 穿山甲喜炎热，多在山麓地带的草丛中或丘陵杂灌丛较潮湿的地方挖穴而居。中华穿山甲分布于我国长江以南省份，包括浙江、安徽、福建、江西、湖南、广东、广西、海南、四川、云南、香港、台湾等地
- 《生物多样性公约》第十五次缔约方会议（COP15）第一阶段会议于2021年10月11日~15日在云南昆明顺利举办
- 2020年6月5日，中国进一步加大对穿山甲的保护力度，将穿山甲属所有种由国家二级保护野生动物提升至一级

穿山甲有什么作用？

穿山甲在保护森林、堤坝，维护生态平衡方面有着巨大作用。它们寻找食物时松动的土壤会帮助植物种子萌发，吃掉白蚁更是会保护树木不受侵害。一只成年的穿山甲可以守护250亩的森林。

穿山甲的非法贸易及保护

据世界自然保护联盟（IUCN）报告，在过去的10年间有超过100万只穿山甲丧命于非法贸易。这也让这种在野外难得一见的物种，以“被非法贸易最多的哺乳动物”为人所知。仅2019年一年，全球的穿山甲片大宗（大于500千克）案件罚没量就达到了惊人的80吨以上。

2020年6月5日，中国进一步加大对穿山甲的保护力度，将穿山甲属所有种由国家二级保护野生动物提升至一级。我国法律规定，禁止非法收购、运输、出售国家重点保护的珍贵、濒危野生动物及其制品。

减少非法野生动物贸易不仅能保护野生动物物种，还能保护人类。穿山甲被认为是病毒从野生动物到人类大流行病过程中的一种可能的中间宿主。尽管仍未确定该病毒的溯源和传播途径，但有一点很明确，就是野生动物贸易很可能增加人类与野生动物的接触，是导致动物疾病传染给人类的重大风险因素。

“穿山甲的进化”

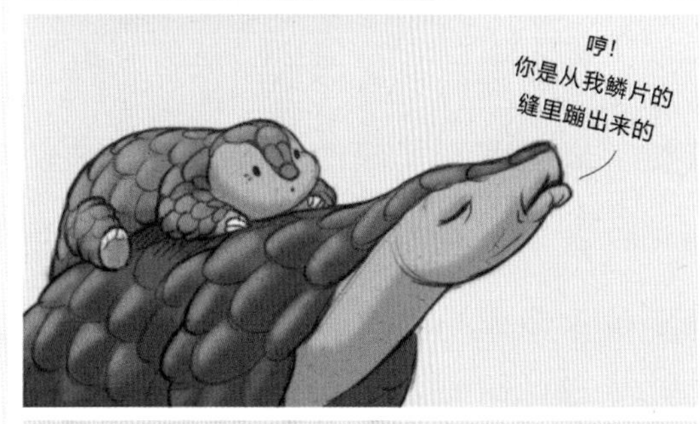

条漫绘制：守林动画

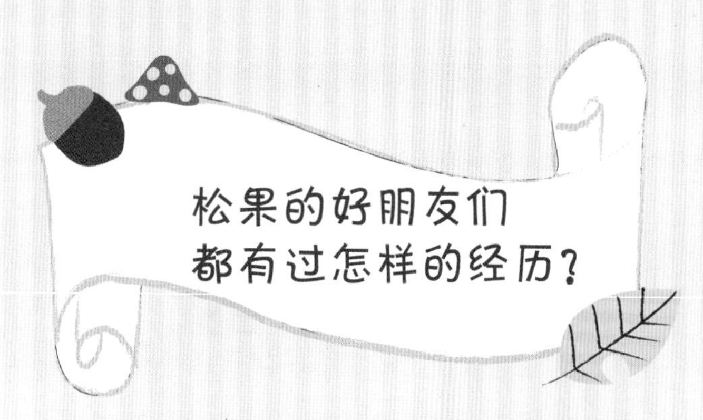

松果在寻找妈妈的路上遇到了各种动物朋友，通过动物的对话我们发现，松果的好朋友点点、夜鹭夫妇、穿山甲阿力，他们都因为非法野生动物贸易受到了不同程度的伤害。

松果的好朋友“点点”是一只斑头鸺鹠（猫头鹰的一种），这张照片里是一只红隼宝宝，它和点点都属于猛禽，在我国都是国家二级保护动物。本该在天空自由飞翔的它，却满脸伤痕的被人送到了北京猛禽救助中心。

红隼宝宝的脸上一层一层的伤，有结痂的旧伤，也有还渗着丝丝血迹的新伤，应该是它自己在笼子里一次一次绝望挣扎撞的，羽毛也受伤了，脚绊是救助人发现时就戴着的。然而，它还不知道怕人，这样的鸟是根本没有生存能力的。在康复师反复地追问下，救助人承认捡到它后又饲养了一个月，但眼见着状态越来越不好，赶紧联系了救助中心。送到猛禽救助中心的时候，这只鸟已经非常虚弱，虽然能吃东西但体重不断在下降，这证明它有消耗性疾病，可能是体内寄生虫大爆发，这也是在非法饲养的猛禽中常见的病。

猛禽在被非法饲养的时候，通常会被拴上脚绊，由于不断地摩擦会导致下肢组织严重损伤。脚垫病是另外一种由于人为饲养而造成的严重疾病，因为缺乏飞行长期站立，导致猛禽脚部肿胀、坏死，由脚底伤口进入的细菌会随血液循环快速进入猛禽体内导致猛禽死亡。脚垫病的治愈率很低。被非法饲养的猛禽除了身体上承受的痛苦外，精神上也会高度紧张恐惧，我们称之为“应激”。应激会导致猛禽脱水，加速虚弱，因抵抗力降低感染病菌和寄生虫，甚至直接导致死亡。